上海市工程建设规范

生活垃圾收集站(压缩式)设置标准

Setting standard for municipal solid waste collection station with compactions

DG/TJ 08—402—2021
J 10015—2022

主编单位：上海市环境工程设计科学研究院有限公司
批准部门：上海市住房和城乡建设管理委员会
施行日期：2022 年 5 月 1 日

同济大学出版社

2022　上海

图书在版编目(CIP)数据

生活垃圾收集站(压缩式)设置标准/上海市环境
工程设计科学研究院有限公司主编. —上海：同济大学
出版社，2022.9

ISBN 978-7-5765-0348-7

Ⅰ.①生… Ⅱ.①上… Ⅲ.①生活废物-垃圾堆放场
-标准-上海 Ⅳ.①X779.3-65

中国版本图书馆 CIP 数据核字(2022)第 157841 号

生活垃圾收集站(压缩式)设置标准

上海市环境工程设计科学研究院有限公司　主编

责任编辑　朱　勇

责任校对　徐春莲

封面设计　陈益平

出版发行　同济大学出版社　　www.tongjipress.com.cn

　　　　　(地址：上海市四平路 1239 号　邮编：200092　电话：021－65985622)

经　　销　全国各地新华书店

印　　刷　浦江求真印务有限公司

开　　本　889mm×1194mm　1/32

印　　张　1.25

字　　数　34 000

版　　次　2022 年 9 月第 1 版

印　　次　2022 年 9 月第 1 次印刷

书　　号　ISBN 978-7-5765-0348-7

定　　价　15.00 元

上海市住房和城乡建设管理委员会文件

沪建标定〔2021〕844 号

上海市住房和城乡建设管理委员会关于批准
《生活垃圾收集站(压缩式)设置标准》为
上海市工程建设规范的通知

各有关单位：

　　由上海市环境工程设计科学研究院有限公司主编的《生活垃圾收集站(压缩式)设置标准》，经我委审核，现批准为上海市工程建设规范，统一编号为 DG/TJ 08—402—2021，自 2022 年 5 月 1 日起实施。原《小型压缩式生活垃圾收集站设置标准》DG/TJ 08—402—2000 同时废止。

　　本标准由上海市住房和城乡建设管理委员会负责管理，上海市环境工程设计科学研究院有限公司负责解释。

　　特此通知。

上海市住房和城乡建设管理委员会

二○二一年十二月二十四日

前　言

　　根据上海市住房和城乡建设管理委员会《关于印发〈2016 年上海市工程建设规范编制计划〉的通知》(沪建管〔2015〕871 号)的要求,上海市环境工程设计科学研究院有限公司会同有关单位,经广泛调查研究,认真总结实践经验,在广泛征求意见的基础上,修订了本标准。

　　本标准的主要内容有:总则;术语;基本规定;规划选址与设置;规模;工艺及设备要求;建筑、结构和配套设施;环境保护、安全与劳动卫生。

　　本次修订的主要技术内容是:①调整、优化了标准的章节结构,将原来 5 章调整为 8 章;②增加了术语章节;③增加了单位设置生活垃圾收集站(压缩式)(以下简称"收集站")的要求;④优化了收集站的服务半径;⑤修改、细化了收集站规模与用地指标;⑥细化了收集站工艺和设备要求;⑦增加了收集站结构要求,修改了收集站建筑与配套设施要求;⑧增加了收集站环境保护、安全与劳动卫生要求。

　　各单位及相关人员在执行本标准过程中,如有意见或建议,请反馈至上海市绿化和市容管理局(地址:上海市胶州路 768 号;邮编:200040;E-mail:kjxxc@lhsr.sh.gov.cn),上海市环境工程设计科学研究院有限公司(地址:上海市石龙路 345 弄 11 号;邮编:200232;E-mail:tanhp@huanke.com.cn);上海市建筑建材业市场管理总站(地址:上海市小木桥路 683 号;邮编:200032;E-mail:shgcbz@163.com),以供今后修订时参考。

主 编 单 位：上海市环境工程设计科学研究院有限公司
参 编 单 位：上海城投（集团）有限公司
主要起草人：谭和平　胡建平　黄　慧　许雯佳　张国芳
　　　　　　林有声
主要审查人：孙元海　颜　骅　肖　乐　王伟新　黄硕德
　　　　　　仝　光　沈　荣　王玉珑

上海市建筑建材业市场管理总站

目　次

Contents

1 总　则

1.0.1 为规范上海市生活垃圾收集站(压缩式)的设置和建设,降低生活垃圾收集和压缩过程中对环境的影响,制定本标准。

1.0.2 本标准适用于上海市生活垃圾收集系统中新建的生活垃圾收集站(压缩式)。改建、扩建的生活垃圾收集站(压缩式)可参照执行。

1.0.3 生活垃圾收集站(压缩式)在设置时应做到因地制宜、布局合理、安全适用、有利于保护环境。

1.0.4 生活垃圾收集站(压缩式)的设置,除应执行本标准外,还应符合国家、行业和本市现行有关标准的规定。

2 术 语

2.0.1 生活垃圾收集站(压缩式) municipal solid waste collection station with compactions

配置干垃圾压缩设备,并包含湿垃圾、可回收物和有害垃圾暂存等功能的生活垃圾收集站(简称收集站)。收集站建筑类型包括单建式和附建式。

2.0.2 单建式生活垃圾收集站(压缩式) independent municipal solid waste collection station with compactions

建筑物单独设置的生活垃圾收集站(压缩式)。

2.0.3 附建式生活垃圾收集站(压缩式) dependence municipal solid waste collection station with compactions

依附其他建筑物的生活垃圾收集站(压缩式)。

3 基本规定

3.0.1 收集站应与其他建筑同步规划、同步设计、同步建设、同步验收和同步使用。

3.0.2 收集站需改建时，应制定并落实改建期间过渡措施；收集站需迁建时，在新的收集站建成投用之前，原有收集站不得拆除或停用。

3.0.3 收集站规模应按照分类生活垃圾产生量，以及收集、存放、运输周期要求进行设置。

4 规划选址与设置

4.1 规划选址

4.1.1 收集站选址应纳入环境卫生专项规划或控制性详细规划。

4.1.2 新建收集站宜采用单建式生活垃圾收集站(压缩式),其建筑物退界距离应按现行行业标准《生活垃圾收集站技术规程》CJJ 179执行。

4.1.3 新建附建式生活垃圾收集站(压缩式)宜与公共建筑、公共设施等合建。

4.1.4 收集站的位置应选在服务区域内垃圾收运作业安全的地方,且收集站建筑物前空地应满足车辆通行、作业的要求。

4.1.5 收集站应具备供水、供电、污水纳管等条件。

4.2 设 置

4.2.1 住宅小区的收集站设置宜符合下列要求:

 1 封闭的住宅小区内,宜设置收集站。

 2 当住宅小区内的干垃圾日产生量大于等于 3 t 时,宜设置收集站。

 3 当住宅小区内的干垃圾日产生量小于 3 t 时,可与相邻区域联合设置收集站。

4.2.2 党政机关、企事业单位、社会团体等单位的收集站设置宜符合下列要求:

 1 党政机关、企事业单位、社会团体等单位干垃圾日产生量大于等于 3 t 时,宜单独设置收集站。

    2 党政机关、企事业单位、社会团体等单位干垃圾日产生量小于 3 t 时,可与相邻区域提前规划,联合设置收集站。

5 规　模

5.0.1　收集站应包括干垃圾压缩装箱以及湿垃圾、可回收物和有害垃圾暂存等功能,设计规模应与各类垃圾产生量相匹配,并应考虑远期发展的需要。

5.0.2　收集站的干垃圾产生量可按下式计算:

$$Q = A \cdot n \cdot \frac{q}{1\,000} \qquad (5.0.2)$$

式中:Q——干垃圾产生量(t/d);

　　　A——垃圾产生量变化系数,该系数要充分考虑区域和季节等因素的变化影响,一般可采用 1.0～1.4。

　　　n——服务区内实际服务人数;

　　　q——服务区内人均干垃圾产生量(kg/d),住宅小区可取 0.2～0.4,单位可取 0.1～0.3。

5.0.3　收集站的建筑占地面积指标应根据干垃圾产生量确定,并应符合表 5.0.3 的规定。

表 5.0.3　收集站建筑占地面积指标

干垃圾产生量(t/d)	建筑占地面积(m²)
≤3	≥80
>3	≥155

6 工艺及设备要求

6.0.1 湿垃圾、干垃圾的专用收集容器及干垃圾压缩设备应与其专用垃圾运输车接口相匹配;可回收物、有害垃圾应配备专用收集容器;四分类垃圾收集容器应设置相应垃圾分类标志,标志应符合现行上海市地方标准《生活垃圾分类标志管理规范》DB 31/T 1127 的规定。

6.0.2 湿垃圾不宜做减容要求,存放应采用密闭化湿垃圾收集容器。湿垃圾暂存区应具备洗桶功能。

6.0.3 干垃圾应做减容要求,压实密度不应小于 400 kg/m³。干垃圾压缩设备应包括受料装置、压缩机、垃圾箱等,宜配备垃圾称重设备。

6.0.4 干垃圾受料装置的主要技术参数应符合下列要求:

    1 受料斗容积不应小于 1.2 m³。

    2 提升能力不应小于 500 kg。

    3 应具备良好的防止垃圾扬尘、遗留、洒落、臭味扩散等性能。

6.0.5 干垃圾压缩机应符合下列要求:

    1 关键部件应采取耐磨、防腐等处理工艺。

    2 应有垃圾满载提示装置。

    3 液压、控制部件应运行可靠。

    4 运动部件应设有安全防护罩和明显标志。

    5 电气系统应为防水设计,并应配备紧急停机控制器。

    6 应有自动安全保护措施。

6.0.6 干垃圾压缩机的主要技术参数应符合下列要求:

    1 压实密度应满足减容要求。

2 压缩循环时间不应大于 50 s。

3 设备噪声不宜大于 65 dB(A)。

6.0.7 干垃圾垃圾箱应符合下列要求：

1 箱门应配备锁紧装置,保障箱门锁紧严密。

2 应利用自身结构或外置装置存储污水,防止污水洒漏。

3 应采用高强度钢板,耐磨、耐腐蚀性好,不易变形,表面应采用防腐处理。

4 垃圾箱的焊接应无漏焊、裂纹、夹渣、气孔、咬边、飞溅等焊接缺陷。

5 垃圾箱应密封可靠,运输过程中无滴漏。

6.0.8 干垃圾压缩设备的垃圾箱在作业过程中顶部离地高度不应大于 4.7 m。

7 建筑、结构和配套设施

7.0.1 收集站的总平面布置应结合其选址用地的具体情况,做到经济、合理。站前区布置应满足车辆通行和作业要求。

7.0.2 建筑物的建筑设计和外部装修效果应与周边建构筑物相协调。

7.0.3 建筑物应满足垃圾收集及配套设施设备的安装、使用、维护要求。建筑物内的净高度应不小于 5.0 m。

7.0.4 建筑结构应有利于污染控制。

7.0.5 附建式收集站宜设置在首层,当不具备条件必须设置在地下时,应与周边区域隔绝并配置强排风除臭设施。

7.0.6 建筑物室外装修宜采用美观、易清洁的材料。

7.0.7 地面宜采用防渗性好、易于清洁的材料。墙面宜满铺墙面砖。顶棚表面应防水、平整、光滑。

7.0.8 站内应设置排水沟,防止污水外逸,污水排放系统应满足耐腐蚀、防渗等要求。

8 环境保护、安全与劳动卫生

8.1 环境保护

8.1.1 收集站的环境保护配套设施应与收集站主体设施同步实施。

8.1.2 收集站的污水应收集后接入污水管网，不得影响周边环境卫生质量。

8.1.3 收集站应设置通风、降尘、除臭、隔声等环境保护设施，并应设置消毒、杀虫及灭鼠等装置。降尘除臭效果应符合现行国家标准及上海市地方标准的规定。

8.2 安全与劳动卫生

8.2.1 收集站安全与劳动卫生应符合现行国家标准《生产过程安全卫生要求总则》GB/T 12801 和《工业企业设计卫生标准》GBZ 1 的规定。

8.2.2 在收集站的相应位置应设置交通指示标志、烟火禁止和警告标志。

8.2.3 机械设备的旋转件、启闭装置等处应设置防护罩或警示标志。

8.2.4 填装、箱体装卸、倒车等工序的相关设施、设备应设置警示标志及警报装置。

本标准用词说明

1 为便于在执行本标准条文时区别对待,对于要求严格程度不同的用词说明如下:

   1）表示很严格,非这样做不可的用词:
      正面词采用"必须";
      反面词采用"严禁"。

   2）表示严格,在正常情况下均应这样做的用词:
      正面词采用"应";
      反面词采用"不应"或"不得"。

   3）表示允许稍有选择,在条件许可时,首先应这样做的用词:
      正面词采用"宜"或"可";
      反面词采用"不宜"。

2 条文中指明必须按其他有关标准执行的写法为:"应按……执行"或"应符合……的要求(或规定)"。

引用标准名录

1 《生产过程安全卫生要求总则》GB/T 12801
2 《工业企业设计卫生标准》GBZ 1
3 《生活垃圾收集站技术规程》CJJ 179
4 《生活垃圾分类标志管理规范》DB 31/T 1127

上海市工程建设规范

生活垃圾收集站(压缩式)设置标准

DG/TJ 08—402—2021
J 10015—2022

条 文 说 明

2022　上海

目　次

Contents

1 总 则

1.0.1 本条说明了制定本标准的目的。

生活垃圾收集站（压缩式）（以下简称"收集站"）是指将分散收集的垃圾集中后采用运输车清运出去的小型垃圾收集设施，主要起到垃圾集中和暂存的功能。收集站的建设管理水平直接影响居民的生活环境。本标准根据国内外相关经验，结合上海实际，制定相关内容。

目前，上海市生活垃圾按干垃圾、湿垃圾、可回收物和有害垃圾四类进行分类。进入收集站的垃圾中，干垃圾需要压缩，湿垃圾、可回收物和有害垃圾需要储存，故本标准中的压缩式是指对干垃圾进行压缩。

1.0.2 本条规定了本标准的适用范围。

随着上海市垃圾分类工作的全面开展，新建的收集站均应按满足垃圾四分类的要求设置，为此，要求新建的收集站均要满足本标准要求。由于已建收集站并非按垃圾分类要求建设，在改建、扩建时，条件允许的收集站可参照执行。

1.0.3 本条说明了收集站设置的一般原则。

收集站设置时应结合服务范围内垃圾产生量分布、道路交通条件、市政配套设施以及对周边居民等敏感环境综合考虑，既要有利于收集站运行，又要尽量减少对周边环境的影响。

1.0.4 收集站的设置规模应符合《上海市生活垃圾管理条例》第二十九条的规定："收集、运输单位应当按照下列规定，对生活垃圾进行分类收集、运输：（一）对可回收物、有害垃圾实行定期或者预约收集、运输；（二）对湿垃圾实行每日定时收集、运输；（三）对干垃圾实行定期收集、运输。"收集站应根据分类收集的种类，设置相应的分类容器,满足分类收运的要求。可回收物、有害垃圾和干垃圾有可能几天才需外运一次,这种情况下,收集站应为可回收物设置存储空间。

2 术 语

2.0.1 本条对生活垃圾收集站(压缩式)做了定义。

根据国家标准《市容环卫工程项目规范》GB 55013—2021 中相关定义,垃圾收集设施包括垃圾收集点和垃圾收集站两种,垃圾收集点和垃圾收集站区分的界限为有无机械设备。垃圾收集点包括垃圾桶/箱、垃圾收集房(间)、垃圾池、袋装垃圾投放点等;收集站是内部有机械设备的建构筑物,一般是压缩设备及相应箱体等。以往收集站没有明确是否有机械设备,容易和垃圾收集房(间)混淆。《市容环卫工程项目规范》GB 55013—2021 中主要从设施功能角度区分设施边界,如垃圾房内部可以有桶/箱,但收集站内部必须有机械设备且建筑密闭。几个主要术语定义为:

1)垃圾收集点:在住宅小区、单位、公共区域等场所按照垃圾种类、居民投放距离、占地面积等条件设置的收集垃圾的地点,包括垃圾房、废物箱(设置于道路与公共场所等处供人们丢弃废物的容器)、垃圾桶/箱、垃圾池、袋装垃圾投放点等。

2)垃圾房:用于垃圾收集、暂存的建构筑物,一般放置有垃圾收集桶/箱。

3)垃圾收集站:用于垃圾集中收集、暂存、装箱、等待装车运走的环境卫生设施,一般放置垃圾集装箱并面向公众开放。生活垃圾收集站规模小于 30 t/d。

本标准中生活垃圾收集站(压缩式)属于生活垃圾收集设施中的一种。目前,上海市生活垃圾收集设施主要包括垃圾房和收集站两种方式。

本标准中生活垃圾收集站(压缩式)为收集站的一种主要形

式,是基于上海市垃圾四分类要求设置的垃圾收集设施,是指配置干垃圾压缩设备,并包含湿垃圾、可回收物和有害垃圾暂存等功能的生活垃圾收集站。

不带干垃圾压缩设备的收集站要求按现行行业标准《生活垃圾收集站技术规程》CJJ 179 的相关规定执行。

2.0.2 本条对单建式生活垃圾收集站(压缩式)作了定义。

是指收集站建筑物单独设置,并在建筑物前设置车辆回场地,形成相对独立作业区域的收集站形式。

2.0.3 本条对附建式生活垃圾收集站(压缩式)作了定义。

是指依附于公共建筑、公共设施等首层或地下室设置建筑物的收集站形式。

3 基本规定

3.0.1 为了解决收集站普遍存在选址难、建设难问题,本条强调了收集站与其他建筑的"五同步"原则,即"同步规划、同步设计、同步建设、同步验收、同步使用"。

3.0.2 本条是为了避免旧城改造中,旧的收集站已经拆除,而新的收集站还未落实的情况。

3.0.3 收集站的规模设置时,应根据干垃圾、湿垃圾、可回收物和有害垃圾等不同种类垃圾收集、暂存和运输的频次进而确定收集站规模。

4 规划选址与设置

4.1 规划选址

4.1.1 收集站的建设要求应列入城市的环境卫生专项规划或控制性详细规划并严格遵守。

4.1.2 考虑收集站的特殊性质,其作业时对周边环境存在一定影响,要求新建收集站宜采用单建式,其建筑物退界距离按现行行业标准《生活垃圾收集站技术规程》CJJ 179 执行。

4.1.4 建筑前空地应满足车辆通行、回转及荷载的要求,住宅小区内道路两边停放车辆应不影响垃圾运输车辆收运作业。

4.1.5 主要提出了收集站选址要满足作业方便,具备相应市政条件,如供水、供电、污水纳管等。

4.2 设 置

4.2.1 由于上海市的居民住宅小区的开发建设方式和管理方式是多种多样的,必须有所区别或选择。由房地产开发商建设的封闭管理住宅小区,宜设置收集站。由若干房地产开发商联合建设的不封闭管理住宅小区,干垃圾产生量每日大于等于 3 t 时,宜设置收集站;当单个开发商建造的住宅小区内的垃圾日产生量小于 3 t 时,建议与相邻的区域联合设置收集站。收集站内配置的干垃圾箱的额定装载量一般为 3 t,当住宅小区内的垃圾日产生量超过 3 t 时,则每天有 1 个以上垃圾箱需清运,从垃圾收集和运输作业、管理方便考虑,宜设置收集站。

收集站的服务半径根据规模、前端收集方式综合确定,可参照现行行业标准《生活垃圾收集站技术规程》CJJ 179 执行。

4.2.2 党政机关、企事业单位、社会团体等单位由于其相对独立封闭性，占地面积较大，垃圾成分比较特殊，适宜于单独收集；如果单位的规模较小，可与相邻的区域联合设置收集站。

一些特定公共区域如公园、商场、游乐设施等，通常由企事业单位管理，按企事业单位要求进行设置。

5 规 模

5.0.2 本条规定了收集站的干垃圾压缩规模计算公式,通过干垃圾产生量选定收集站建筑面积。

关于干垃圾产生量取值,基于以下来源分析综合确定:

1)根据《2019 年上海市理化特性调查年度报告》和《2020 年上海市理化特性调查年度报告》推测

根据《2019 年上海市理化特性调查年度报告》抽样调查结果(表1),上海市住宅小区人均干垃圾产生量为 0.32 kg/(人·d),波动范围为 0.26~0.39 kg/(人·d);非住宅小区垃圾产生量与单位性质差别较大,均值为 0.17 kg/(人·d),波动范围为 0.04~0.35 kg/(人·d)。

表1 2019 年上海市部分住宅小区生活垃圾人均干垃圾产生量调查数据表

区域	点位	点位类型	人均干垃圾产生量 [kg/(人·d)]
静安区	北美公寓	住宅小区	0.35
闵行区	万科城花新园	住宅小区	0.38
浦东新区	朝阳村	住宅小区	0.39
闵行区	古龙苑	住宅小区	0.29
松江区	文翔名苑	住宅小区	0.26
黄浦区	东方苑	住宅小区	0.26
住宅小区均值			0.32
长宁区	上海工程技术大学	事业型单位(教育科研)	0.35
长宁区	巴黎春天	商业型单位(商场超市)	0.18

区域	点位	点位类型	人均干垃圾产生量 [kg/(人·d)]
浦东新区	龙阳路地铁站	商业型单位[交通场(站)]	0.27
长宁区	紫云市场	商业型单位(集贸市场)	0.04
非住宅小区均值			0.17

根据《2020 年上海市理化特性调查年度报告》抽样调查结果（表2），上海市住宅小区人均干垃圾产生量为 0.26 kg/(人·d)，波动范围为0.23～0.31 kg/(人·d)；非住宅小区垃圾产生量均值为0.26 kg/(人·d)，波动范围为 0.21～0.31 kg/(人·d)。

表 2 2020 年上海市部分住宅小区生活垃圾人均干垃圾产生量调查数据表

区域	点位	点位类型	人均干垃圾产生量 [kg/(人·d)]
闵行区	金汇豪庭	住宅小区	0.23
闵行区	古龙苑	住宅小区	0.25
黄浦区	东方苑	住宅小区	0.31
住宅小区均值			0.26
长宁区	上海工程技术大学	事业型单位	0.31
徐汇区	上海环境院	企业型单位	0.21
非住宅小区均值			0.26

为此，参照上述两个报告，本标准中住宅小区人均干垃圾产生量 q 取值为 0.2～0.4 kg/(人·d)；非住宅小区干垃圾产生量 q 取值为 0.1～0.3 kg/(人·d)。

2）根据市容环卫统计相关数据推测

根据市容环卫统计相关数据（表3），推测住宅小区人均干垃圾产生量 q 取值为 0.2～0.4 kg/(人·d)，非住宅小区干垃圾产生

量 q 取值为 0.1～0.3 kg/(人·d)。

表 3　根据上海市市容环卫统计数据计算人均干垃圾产生量表

序号	时间	日均干垃圾产生量统计数据(t/d)			常住人口数量(万人)	住宅小区人均干垃圾产生量计算数据[kg/(人·d)]
		住宅小区	非住宅小区	合计		
1	2019 年	9 090	8 628	17 718	2 428	0.37
2	2019 年下半年			15 019	2 428	0.32
3	2020 年			14 173	2 487	0.30
4	2021 年 1—9 月			15 486	2 487	0.32

注：1　2019 年常住人口数量来源于《上海统计年鉴 2020》；2020 年和 2021 年常住人口数量来源于第七次全国人口普查。

2　2019 年全年垃圾量数据来源于《2019 年上海市绿化市容统计年鉴》。干垃圾量(其中包含 2019 年上半年未分类的混合垃圾量)按住宅小区和非住宅小区分别有统计数据，全年干垃圾总量为 646.71 万 t，即 17 718 t/d；全年居民干垃圾为 331.78 万 t，即 9 090 t/d；全年非住宅小区干垃圾为 314.93 万 t，即 8 628 t/d。

3　2020 年和 2021 年 1—9 月垃圾量数据来源于调研上海市绿化和市容管理局相关数据。

4　2019 年 7 月 1 日上海市全面推行垃圾分类后，干垃圾产生量有所变化，2019 年下半年、2020 年和 2021 年干垃圾产生量分别为 15 019 t/d、14 173 t/d 和 154 86 t/d。按 2019 年全年统计中的住宅小区和非住宅小区干垃圾量统计量比例推算，住宅小区人均干垃圾产生量 q 取值为 0.2～0.4 kg/(人·d)。

5.0.3　本条规定了收集站建筑面积。干垃圾产生量≤3 t/d 的垃圾收集站宜设置 1 个箱位，占地面积约 45 m²，湿垃圾容器间面积约 20 m²，可回收物暂存区约 5 m²，其他生产管理、配套用房约 10 m²；干垃圾产生量＞3 t/d 的垃圾收集站宜设置 2 个箱位，占地面积约 90 m²，湿垃圾容器间面积约 40 m²，可回收物暂存区约 10 m²，其他生产管理、配套用房约 15 m²。收集站建筑面积规划见图 1 和图 2。

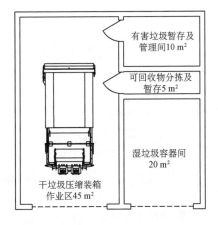

图 1　收集站建筑面积规划参考图 1

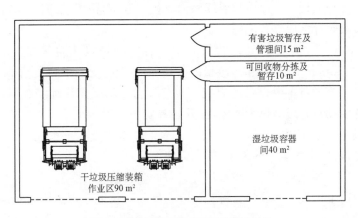

图 2　收集站建筑面积规划参考图 2

6 工艺及设备要求

6.0.1 本条要求湿垃圾、干垃圾的设施设备与后续的运输车接口要匹配,可回收物和有害垃圾暂存应配置相应的收集容器,以防止二次破损。四分类的生活垃圾收集容器均应按照现行上海市地方标准《生活垃圾分类标志标识管理规范》DB 31/T 1127 设置相应的分类标志。

6.0.2 收集站湿垃圾暂存采用的收集容器一般为垃圾桶,由于湿垃圾容重较大,含水率高,在收集站内不宜进行压缩减容,装湿垃圾的垃圾桶的接口应与后续运输车接口匹配,便于装卸作业。湿垃圾暂存区应具备洗桶功能。

6.0.3 收集站干垃圾应压缩,压缩后的垃圾密度不应小于400 kg/m³,确保每箱装载量能达到 3 t。同时明确了收集站干垃圾压缩设备主要设备的组成。有些设备如移动式压缩箱受料装置、垃圾箱、压缩机为一体,提升装置安装在运输车上。地坑式垃圾箱一般在站内设置提升装置。本条提出垃圾称重系统设置的建议,便于收集量的采集,提高管理水平。

6.0.4 本条规定了干垃圾压缩设备的受料装置的要求。

干垃圾压缩设备受料装置应满足前端收集方式如垃圾桶、三轮车的一次性倒料要求;同时应确保受料装置接料、倾翻、卸料作业时避免垃圾扬尘、遗留、洒落及臭味扩散。

6.0.5 本条提出了干垃圾压缩设备的压缩机总体技术要求。

干垃圾压缩设备应运行平稳、安全可靠、箱体不超载且耐腐蚀性。

6.0.6 本条规定了干垃圾压缩设备的压缩机的主要技术参数要求。

性能上主要从满足压实密闭和压缩作业循环时间上对压缩设备提出相应技术要求；从环保性上提出设备噪声不宜大于65 dB(A)。

6.0.7 本条规定了干垃圾压缩设备的垃圾箱总体技术要求。

干垃圾箱体应满足垃圾装载量、压缩及运输作业时不变形、耐腐蚀、垃圾不散落、污水不滴漏等基本要求。

6.0.8 本条规定了干垃圾压缩设备的垃圾箱作业过程中的高度要求。

垃圾箱最高点通常出现在车辆牵放箱时，根据现有设备，该高度最大为4.7 m，以此来确定收集站建筑物设计净高。

7 建筑、结构和配套设施

7.0.1 收集站是城市居民住宅小区的公共服务设施,其总平面布置不仅影响收集站的运营和作业安全,而且影响住宅小区交通与环境,故应布局合理。

7.0.2 收集站作为周边住宅小区或办公的配套设施,总体风格应与周边协调。

7.0.3 本条规定了建筑内净高要求。收集站作业设备最大高度为 4.7 m,考虑作业安全性,要求建筑物净高按最小 5.0 m 设计。

7.0.4 为减少对周边环境影响,收集站建筑物应能封闭,避免作业时臭气和噪声对周边环境影响,同时由于车辆需要进出,需设置便于启闭的大门方便车辆进出。

7.0.5 为便于车辆进出,附建式收集站宜设置在首层;当不具备条件必须设置地下时,由于车辆频繁进出对周边交通和安全有一定影响,且在作业时产生一定异味,为此,需要与周边区域隔绝并配置强排风除臭设施。

7.0.6 本条规定了收集站装修采用的材质宜便于维护保养、便于清洁。

7.0.7 收集站内的地面和墙壁频繁接触垃圾和污水的污染,需要及时冲洗。要求地面采取抗渗措施并便于清洁;墙面采用墙面砖便于冲洗及耐用;顶棚表面应防水、平整、光滑。

7.0.8 收集站产生的污水浓度较高,且有一定腐蚀性。因此,污水明沟、暗沟、管道、存储池等收集、排放系统要求耐腐蚀、防渗,防止污水渗漏对周边环境造成污染。

8 环境保护、安全与劳动卫生

8.1 环境保护

8.1.1 环境保护配套设施是收集站运行的重要保障,按照环境保护"三同时"的原则,要求与收集站主体同步设计、同步建设、同步运行。

8.1.2 收集站点多面广,收集作业过程的污水一般为当日生活垃圾中的污水,应先由污水集流设施收集后排入城市污水管网。

8.1.3 收集站对周边环境影响最大的是作业时产生的粉尘、臭气和噪声等,因此强化收集站内的通风、降尘、除臭、隔声措施更显重要。垃圾中易滋生蚊、蝇、老鼠等病媒生物,应设置必要的消杀装置。

8.2 安全与劳动卫生

8.2.1 收集站安全与劳动卫生要求应符合国家现行的有关技术标准的规定。

8.2.2 本条要求按照现行国家标准《安全标志及其使用导则》GB 2894、《图形符号 安全色和安全标志》GB 2893 等的规定,在收集站的地面、墙壁等相应位置设置醒目的安全标志,如交通指示标志、烟火禁止和警告标志等。

8.2.3 机械设备的旋转件、启闭装置等位置容易发生人身伤害事故,采取必要的防护措施可以避免事故的发生。

8.2.4 在容易引起安全事故的位置要求采取安全防护措施。